U0660447

古生物传奇系列⑥

巨盗龙的荒漠之旅

李宏蕾 邢立达◎主编　　[德] 亨德里克·克莱因◎科学顾问　　新曦雨◎绘

吉林科学技术出版社

让我们把时间拨回到 8500 万年前的白垩纪晚期。有一只巨盗龙正缓慢地走在一片茫茫无际的荒漠中。

　　前不久这只名叫达达的巨盗龙追着一只猎物跑进了这片荒漠，倒霉的是不但猎物没有被抓到，自己还迷了路。达达又渴又饿，不过它还算幸运，竟然在荒漠里遇见了一群苏尼特龙！

巨盗龙　见解说 2

这群苏尼特龙显然也和达达一样迷了路，它们只能孤注一掷地朝着一个方向前进，满心期待前方会有绿洲。

　　达达毫不犹豫地跟在了这群苏尼特龙的后面，它现在不会有饿死的危险了，这群苏尼特龙中的某一只终将成为它的食物。

苏尼特龙　见解说 6

对于单枪匹马的巨盗龙来说，面对一群苏尼特龙，狩猎可并不是一件简单的事情。尤其是现在的达达已经好几天没有吃过东西，早就饥肠辘辘了。

虽然它非常非常饿，但是它还是决定先按兵不动，等待时机。

达达悄悄地跟在苏尼特龙队伍的后面，即使又累又饿，它依旧是一个能力超群的猎手。

　　饿昏了头的苏尼特龙还没有察觉到背后的危险，达达观察了很长时间，它终于确定了自己的目标——一只身体虚弱的小苏尼特龙。

那只小苏尼特龙看起来年龄不大。在这样恶劣的环境里，年幼和年长的恐龙总是最先倒下的。

　　达达继续跟在苏尼特龙群的后面，它对自己的计划信心满满，那只虚弱的小苏尼特龙一定会比自己先倒下去的。

满是黄沙的戈壁上连干枯的植物和风化的岩石都很少见，根本没有能够补充水分的东西可吃，苏尼特龙群几乎陷入了绝望。

　　在达达发现这群苏尼特龙之前，因为缺水和饥饿，一路上已经有很多可怜的小苏尼特龙倒下了，现在这最后的一只小苏尼特龙也已经奄奄一息。若是再看不到绿洲，恐怕连健壮的成年苏尼特龙也会倒下。

走啊走啊，天色渐渐暗了下来，苏尼特龙群找到了一个避风处准备过夜。可怜的小苏尼特龙依偎在它的母亲身边，虚弱得几乎站不住了。

　　狂风卷着黄沙吹得小苏尼特龙晃来晃去。终于，小苏尼特龙倒在黄沙里，再也站不起来了。

　　几只正在旅途中的古神翼龙经过这里，想在这里好好地休息一晚。
　　不过它们刚到没多久，就发现了藏在一块大岩石后的达达。在一只肉食性恐龙的注视下可没办法好好睡觉，这群吵闹的古神翼龙立刻改变了计划，决定继续上路。

古神翼龙 见解说 8

巨盗龙达达并不在意那些神经兮兮的翼龙，它躲在大岩石后，从风化的孔洞中全神贯注地盯着它的目标。

　　借助着清晨微弱的阳光，达达发现小苏尼特龙已经死去了。这可把它高兴坏了，终于可以填饱肚子了！

　　于是达达激动地从岩石后面跳了出来，朝着苏尼特龙群大吼了一声。

其实像巨盗龙这样喙部又钝又短，嘴里没有牙齿的肉食性恐龙是很难对成年的苏尼特龙造成威胁的，但绝望的苏尼特龙群已经筋疲力尽了，它们甚至还没有确定究竟是什么恐龙发出的这声吼叫，就乱了阵脚，向四周张望，时刻准备逃跑。

因为有成年苏尼特龙在，所以这顿美餐其实并不会那么容易吃到嘴里。但是聪明的达达想到了一个好办法，它要用力吼叫，吓走其他的苏尼特龙。

　　它爬上用来藏身的岩石，然后一边吼叫，一边从岩石后跳出来，发出了非常大的声响。

苏尼特龙们显然被这可怕的声音吓破了胆，不知道是哪一只先发出了一声惊叫，紧接着，这一群苏尼特龙都开始狂奔。

　　小苏尼特龙的母亲被夹在慌作一团的队伍中，它努力用脑袋顶着它的孩子，希望它能够站起来，可小苏尼特龙却依旧静静地躺在那里。

转眼间，其他的苏尼特龙都逃离了这里，除了这位母亲，它还是不肯放弃自己的孩子。达达踏着重重的步伐朝它走过去，然后大吼着跳了起来。

　　饥饿的巨盗龙和不愿放弃孩子的母亲厮打起来。母亲拼命地保护着自己的孩子，达达也不着急，它本来也没打算杀死这只苏尼特龙母亲，它只是想吓走它。

苏尼特龙母亲的身体虽然庞大，但在荒漠中这么长时间，身体早已经虚弱不堪了。它不得不放弃早已死去的孩子，掉头去追赶队伍。

达达终于如愿以偿地等到了它期待已久的美味。它立刻跑过去大口大口地吃了起来。

不过，想要在荒漠中独享美餐可不是一件容易的事，食物的味道已经扩散开来，很快就会有其他的恐龙闻到气味凑过来的。

　　最先来的是一只小小的窃蛋龙。它在岩石后面探着脑袋，嗅着空气中弥漫着的食物香气。趁着巨盗龙不注意，它蹑手蹑脚地凑了过去。

窃蛋龙　见解说 15

窃蛋龙刚偷偷地撕下一块碎肉，就被巨盗龙发现了。

　　看到偷吃食物的窃蛋龙，达达很愤怒。这是它费尽千辛万苦才得来的美食，当然一点儿都不愿意和别人分享。于是它吞下嘴里的肉，愤怒地朝着小偷吼叫起来。

　　窃蛋龙吓得退了几步，叼着碎肉一溜烟跑了。

达达也懒得去追，毕竟填饱肚子才是眼下的头等大事！它盯着窃蛋龙跑远，确定它不会再回来，才安心地继续大吃起来。

　　虽然它没有利齿，但这一点儿都不妨碍它享用这只死去的小苏尼特龙。要说撕扯猎物和吞下碎肉，它强有力的短喙和巨大的嘴再适合不过了。

但巨盗龙达达最后还是没能独自享用完这顿美餐。就在它吃到一半的时候，新鲜的肉味儿又引来了一只特暴龙。

　　这只倒霉的特暴龙和达达一样，也是追着猎物不小心迷路的，只是它比达达饿得更久，对食物的需求也更大。

特暴龙　见解说18

特暴龙不想与达达一同分享，决定独占这只小苏尼特龙。于是它晃了晃自己又大又有力的脑袋，对着达达怒吼起来。

　　虽然它们俩身材差不多，但面对特暴龙满口的利齿，达达还是处于下风。即使还没吃饱，达达也非常明智地选择了离开。

饿肚子总比丢掉性命好，而且吃过食物后，身体也开始恢复力气。达达朝着荒漠深处走去，它是一只既聪明又幸运的巨盗龙，它相信自己一定会找到正确的路。水源充足、遍地都是猎物的绿洲，一定在前方等着它呢！

《巨盗龙的荒漠之旅》解说

1 在白垩纪晚期，荒漠和丛林的界限开始变得分明。文中出现的巨盗龙、特暴龙等都是生活在这个时期的最后的恐龙种群。直到约6550万年前的第三纪灭绝事件发生，恐龙才彻底从地球上消失，一同灭绝的还有各种大型海生爬行动物和翼龙。在紧随而来的新生代，哺乳动物开始繁衍昌盛，最终人类在更新世出现并逐渐统治地球。

2 巨盗龙是窃蛋龙类中一种体形较大的恐龙，预计成年体体长约8米。巨盗龙最先被发现的是大腿骨化石，由于巨盗龙的身形与暴龙相似，因此最初被认为是暴龙类恐龙的化石。但后来研究人员根据其腿骨上高耸的冠状突以及向前弯曲的耻骨，确认该腿骨属于窃蛋龙类恐龙，并起名为"巨盗龙"。

3 根据对巨盗龙化石骨架的复原，研究人员认为这类恐龙的尾巴拥有坚韧的构造，类似于现代袋鼠的尾部。这种尾巴能够帮助窃蛋龙科恐龙（包括巨盗龙）在奔跑过程中有效地保持平衡。除此之外，巨盗龙还拥有细长的腿部和壮实稳定的脚爪，这种腿部结构也能让它的反应更加敏捷、奔跑速度更快。

4 巨盗龙是体形最大的窃蛋龙科恐龙，身体形状与大型火鸡类似。虽然拥有相对较大的体形，但据估计巨盗龙8米长的成年个体仅有1.4吨重。研究表明，巨盗龙的脊椎内为海绵状结构，这种结构能够帮助巨盗龙保证体形的同时减轻体重，同时还拥有长且纤细的小腿，巨盗龙被认为能够进行快速奔跑，甚至超越暴龙的速度。

5 窃蛋龙科属于兽脚亚目，它们的体形大小不等，不过通常体形较小。窃蛋龙拥有优秀的运动能力，行动十分敏捷。这类恐龙没有牙齿或牙齿不发达，嘴部类似于鹦鹉的喙状嘴，尖利的喙部能够起到牙齿的作用。因此窃蛋龙被认为是一种杂食性恐龙，以植物果实、小型鱼类和被遗弃的其他恐龙尸体为食。

白垩纪晚期：

巨盗龙

苏尼特龙

古神翼龙

窃蛋龙

特暴龙

6 苏尼特龙是一种属于萨尔塔龙科的小型蜥脚类恐龙，主要分布于中国内蒙古地区。这类恐龙与人们心中蜥脚类恐龙身形巨大的观念不同，它们通常体形较小，体长只有9米左右。在对萨尔塔龙科的其他恐龙化石的研究中，研究人员认为该科恐龙体表或许覆盖着一层鳞甲。

7 包括巨盗龙在内的窃蛋龙科恐龙向来被认为拥有原始羽毛（分布在前肢、尾部或是全身），但另一些研究人员认为大型恐龙在运动量较大时通常体温升高较快，而原始羽毛没有调节体温的能力，因此它们身体不会覆盖过多羽毛。但更多的巨盗龙化石却表明，这些大型窃蛋龙科恐龙至少拥有覆盖羽毛的类翼前肢，或许巨盗龙需要羽毛来孵蛋。

8 根据已知头骨化石上的软组织压痕，研究人员认为古神翼龙的头冠上覆有肉质或角质的膜。在对脊冠的用途的研究与猜测中，研究人员参考了拥有鲜艳鸟喙的犀鸟等现代鸟类，认为古神翼龙的头部脊冠很有可能具有展示以及向其他同类传递信号的用途。

9 不少翼龙都拥有细长的脖子与高大的头冠。在对各类翼龙化石的研究中，人们发现拥有头冠的翼龙或许能够利用头冠来更好地利用气流。此外，研究发现有的翼龙为了保持细长颈部和巨大头部的平衡，生有能够帮助保持平衡感的内耳结构。这种结构与人类内耳相似，能够有效地帮助翼龙在飞行的时候保持平衡状态。

10 虽然嘴里没有牙齿，但巨盗龙拥有类似现代海龟一般的喙状嘴。古生物学家们认为巨盗龙这种坚硬的嘴拥有极强的咬合力，能够在瞬间咬断猎物的腿或脖子。巨盗龙的嘴巴很大，能够一直打开到颅骨后侧方，这种能够大张的嘴方便了巨盗龙直接吞下体形较小的猎物，例如小型哺乳动物、鱼类或是刚刚出生的其他恐龙幼崽。

11 对于巨盗龙的食性，至今依旧没有一个确定的说法。在同属窃蛋龙科的恐龙中，一些小型的种类，例如尾羽龙、切齿龙等都被认为是植食性恐龙。但研究人员却认为巨盗龙进化出了如此庞大的身体和强有力的后肢，如果它是吃草的，那它根本不需要这些结构来提高奔跑速度。因此巨盗龙被认为至少在繁殖期会摄取肉类以获得足够的营养。

12 巨盗龙化石的发现过程非常有趣：在一部关于恐龙化石的纪录片的摄制过程中，中国古生物学家徐星正在镜头前向观众演示一块苏尼特龙化石的发现过程，当他进行到擦拭化石步骤时，他却发现这根本不是一块蜥脚类恐龙的骨头，而是兽脚类恐龙的！就这样，巨盗龙被发现了。这对共同生活在白垩纪晚期的"冤家"，直到现代依旧缘分不浅。

13 哪怕是在那个巨型动物横行的年代，蜥脚类动物的体形也十分值得骄傲——它们是中生代陆地上最大的动物，并且也是迄今为止已知的陆生动物中体形最大的。在所有已知的蜥脚类恐龙中，身长冠军是阿根廷龙。虽然阿根廷龙只被发现了部分化石，但根据按照比例参考的复原图显示，阿根廷龙身长可达35米！

14 在考古挖掘过程中，很多恐龙的骨骼化石都早已支离破碎，它们或许是单个的骨头，或是骨骼碎片。这就需要古生物学家按照不同种类恐龙的不同骨骼特点，凭借丰富的经验进行判断。有经验的古生物研究者仅凭少量的几块骨头就能够分辨出这些化石属于哪一种动物。

15 窃蛋龙拥有长有羽毛的前肢，不过它前肢上的羽毛并不是用来飞行的。根据对窃蛋龙类化石上的羽毛印痕的研究，研究人员认为窃蛋龙前肢上确实长有羽毛，但这种羽毛不足以提供飞行的动力，只能用来保证体温，或者用于孵化恐龙蛋。

16 关于窃蛋龙还有一桩著名的冤案，就是它的命名。最初窃蛋龙化石被发现时，同时被发现的还有很多蛋化石，在这些化石的四周还发现了许多原角龙化石。由于技术限制，当时的研究人员认为是这只兽脚类恐龙正在偷窃原角龙的蛋，因此为它取了"窃蛋龙"这个名字。

17 在1993年，古生物学家马克重新对与窃蛋龙一同出土的蛋化石进行研究时发现，那些蛋其实是窃蛋龙自己的。原来它不是一个偷蛋者，而是在狂奔的原角龙群中试图保护自己的孩子。然而由于国际动物命名法的规定，已经确认的物种名称不可更改，这个伟大的母亲只好委屈地顶着这个错误的名称了。

18 特暴龙是一种属于暴龙超科的大型肉食性恐龙，是暴龙的远亲。与暴龙科的亲戚相比，特暴龙的吻部更窄，后肢更短，身体更为粗壮，而前肢则是整个暴龙科中最为短小的。根据对特暴龙化石中受伤骨骼的研究，特暴龙很有可能会使用前肢辅助捕猎。

19 特暴龙曾经拥有许多个不确定的名字，这样的名字在分类学上被称为"疑名"。1958年，古生物学家杨钟健为其命名了"破碎金刚口龙"，接着又有人陆续给出土的化石命名了"兰平特暴龙""栾川特暴龙""吐鲁番特暴龙"，最后经过重新整理分类后，研究人员发现这些恐龙皆为勇士特暴龙。

20 对于白垩纪——第三纪灭绝事件的起因，考古界众说纷纭。一部分科学家认为，这次的灭绝事件主要是由于小行星或彗星撞击地球，巨大的冲击引发海啸，使得大陆面积剧减，并且同时全球气温骤降，形成了新冰期，由此导致了灭绝。而另一部分科学家则认为导致灭绝的原因是长时间的火山喷发使得尘埃覆盖天空，植物由于缺乏阳光而死亡，大型植食性恐龙无法获得足够食物而死去，肉食性恐龙也随之饿死了。

巨盗龙骨骼

1 巨盗龙的鸟喙

通常来讲，喙状嘴不会拥有太大的杀伤力——因为没有尖利的牙齿，但对于巨盗龙来说却不一样。巨盗龙的身体长达8米，庞大的身体配上巨大而锋利的喙，这份杀伤力可不容小视。巨盗龙能够用喙轻轻松松地切断小型猎物的骨头。

2 巨盗龙的爪子

巨盗龙的前肢非常灵活，不仅拥有三根长有长爪的手指，手臂还能够做出较大幅度的上摆和弯曲动作。这在巨盗龙获取食物的时候，能够提供非常大的帮助，例如按住猎物或将高处的植物拉到嘴边等。

中文名称：巨盗龙
名称含义：巨大的盗贼
分　　类：兽脚类
食　　性：杂食性
身　　长：8米
生存时期：白垩纪晚期
生活区域：中国内蒙古

巨盗龙的羽毛

　　巨盗龙所属的窃蛋龙科一直被认为是一种拥有羽毛的恐龙，这个猜测在许多窃蛋龙科恐龙化石上都得到了证实——它们拥有能够固定尾羽的愈合脊椎、化石上有羽毛压痕等。所以尽管在巨盗龙化石上没有发现羽毛的印痕，但它应该与其他近亲一样拥有羽毛，这些羽毛被猜测用于保温、孵化或是同类间的识别。

飞速长高的巨盗龙

　　研究人员根据巨盗龙化石腓骨的骨化程度以及腓骨横截面上的生长线进行推测，巨盗龙能够在7~11岁之间飞速地从亚成年体长至成年体形。这在兽脚类恐龙中，算得上是非常高的生长速率。

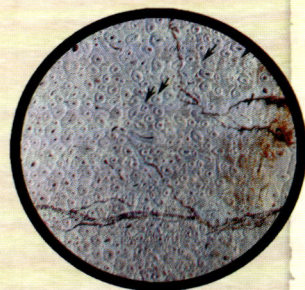

3 强壮的大腿

　　与其他兽脚类恐龙不同，巨盗龙的腿并不是很粗，但它们的股骨却非常强壮。强大的股骨配上细长的腿骨，再加上附着在上面的肌肉群，为巨盗龙提供了非常快的奔跑速度。

巨盗龙吃什么

　　巨盗龙通常被认为是一种杂食性恐龙。但在对它取食倾向方面却有着较大分歧：一部分研究人员认为巨盗龙的身体构造表明了它们更倾向于食用肉类；但另一部分却认为它们主要以植物为食，只有在繁殖期才会为了营养而取食少量肉类。

47

图书在版编目（CIP）数据

巨盗龙的荒漠之旅 / 李宏蕾，邢立达主编；新曦雨
绘 . -- 长春：吉林科学技术出版社，2018.6
　（古生物传奇系列）
　ISBN 978-7-5578-3623-8

　Ⅰ . ①巨… Ⅱ . ①李… ②邢… ③新… Ⅲ . ①恐龙—
儿童读物 Ⅳ . ① Q915.864-49

中国版本图书馆 CIP 数据核字（2018）第 056983 号

巨盗龙的荒漠之旅 JUDAOLONG DE HUANGMO ZHI LÜ

主　　编　李宏蕾　邢立达
科学顾问　［德］亨德里克·克莱因
　　绘　　新曦雨
出 版 人　李 梁
责任编辑　朱 萌
封面设计　吉林省凯帝动画科技有限公司
制　　版　吉林省凯帝动画科技有限公司
全案执行　长春新曦雨文化产业有限公司
美术设计　孙 铭　徐 波　刘 伟
数字美术　李红伟　李 阳　贺媛媛　马俊德　周 丽　付慧娟　王梓豫　边宏斌
　　　　　张 博　贺立群　宋芳芳　王 欣　姜 珊
文案编写　惠俊博　张蒙琦　辛 欣　王牧原

开　　本　787 mm×1092 mm　1/16
字　　数　50 千字
印　　张　3
印　　数　1-10 000 册
版　　次　2018 年 6 月第 1 版
印　　次　2018 年 6 月第 1 次印刷
出　　版　吉林科学技术出版社
发　　行　吉林科学技术出版社
地　　址　长春市人民大街 4646 号
邮　　编　130021
发行部电话 / 传真　0431-85652585　85635177　85651759
　　　　　　　　　　85651628　85635176
储运部电话　0431-86059116
编辑部电话　0431-85659498
网　　址　www.jlstp.net
印　　刷　吉广控股有限公司
书　　号　ISBN 978-7-5578-3623-8
定　　价　26.80 元

正版验证激活
打开 App 应用，扫描
激活码激活设备。

扫描

激活码

特别提示：
1. 新设备首次使用本 App，需要重新扫
描激活码进行正版验证激活。
2. 一个激活码可激活 7 次 App，请妥善
保存好激活码。